我是美好的

[美]露易丝·海(Louise L. Hay)著

宋馨蓉 译

漓江出版社

桂图登字：20—2023—151

图书在版编目（CIP）数据

我是美好的 /（美）露易丝·海著；宋馨蓉译 . -- 桂林：漓江出版社，2023.3
ISBN 978-7-5407-9349-4

Ⅰ . ①我… Ⅱ . ①露… ②宋… Ⅲ . ①心理学—通俗读物 Ⅳ . ① B84-49

中国版本图书馆 CIP 数据核字 (2022) 第 222273 号

EXPERIENCE YOUR GOOD NOW! Learning to Use Affirmations by Louise L. Hay
Copyright © 2010 by Louise L. Hay
Simplified Chinese Translation copyright © 2023
by HONG KONG SPIRITUAL FAMILY PUBLISHING GROUP CO., LTD.
ALL RIGHTS RESERVED
本书版权经由香港心灵坊出版集团有限公司授权漓江出版社出版
本书中文译稿由台湾天下远见出版股份有限公司授权使用

我是美好的
WO SHI MEIHAO DE

作　　者	［美］露易丝·海
译　　者	宋馨蓉
出 版 人	刘迪才
责任编辑	杨　静
特约策划	张　专
装帧设计	杜广芳　许建华
封面设计	杨　毅
责任监印	黄菲菲

出版发行	漓江出版社有限公司
社　　址	广西桂林市南环路 22 号
邮　　编	541002
发行电话	010-65699511　0773-2583322
传　　真	010-85891290　0773-2582200
邮购热线	0773-2582200
网　　址	www.lijiangbooks.com
微信公众号	lijiangpress

印　　制	天津图文方嘉印刷有限公司
开　　本	787 mm × 1092 mm　1/32
印　　张	6
字　　数	100 千字
版　　次	2023 年 3 月第 1 版
印　　次	2023 年 3 月第 1 次印刷
书　　号	ISBN 978-7-5407-9349-4
定　　价	49.80 元

漓江版图书：版权所有，侵权必究
漓江版图书：如有印装问题，可随时与工厂调换

Contents 目录

- I 生命箴言
- 1 作者的话
- 3 第一章 拥有健康的肯定句
- 19 第二章 面对恐惧的肯定句
- 37 第三章 放下批判性想法的肯定句
- 59 第四章 处理成瘾症的肯定句
- 75 第五章 愿意宽恕的肯定句
- 93 第六章 祝福工作的肯定句
- 111 第七章 带来金钱和富足的肯定句
- 127 第八章 增进友谊的肯定句
- 143 第九章 维持爱与亲密关系的肯定句
- 159 第十章 关于变老的肯定句
- 171 一些最后的想法

生命箴言

我是美好的

欢迎进入肯定句的世界

欢迎进入肯定句的世界。当你选择使用这本书里的工具，你就已经有意识地下了一个决定：疗愈自己的生命，并往积极改变的路途前进。做出积极改变的时刻，就在当下！没有比"当下"这个时刻更有利于让你掌控自己的想法。运用我即将给出的建议，使生命变得更加美好的人，数不胜数，欢迎加入我们。

说出肯定句，并不困难。当你将过去所秉持的消极信念释放回原本的空无里，就会体验到一种愉悦的感受。

就算我们相信自己或自己的生命是暗淡无光的，也不代表这些信念是真实的。在孩提时，我们听到对我们、对人生的负面评价，我们接受了这些观念，并以为它们是真的。现在，我们要重新检视这些信以为真的想法，并且做出决定，我们是要继续相信它们会支持我们，进而让我们的生命充满喜悦和丰盛，还是要释放它们。我喜欢想象自己将老旧的信念丢进河里——以此来放下这些信念——看着它们慢慢地漂向下游，融化、消失，再也回不来。

走进生命的花园，种下美丽又滋养心灵的新想法和观念。生命爱你，希望你拥有最好的。生命希望你心境平和，拥有内在的喜悦，充满自信，懂得爱自己，知道自己是有价值的。无论何时何地，不管面对什么人，你都值得轻松自在，并拥有好的生活。所以，请让我帮你在新的花园里种下新的观念，你可以培育这些观念，看着它们长成美丽的花朵和果实。之后，它们会反哺你的一生——回馈你，滋养你。

肯定句是什么？

对于还不熟悉肯定句、从未使用过肯定句的人，我想给你解释什么是肯定句，以及肯定句是如何发挥作用的。很简单，肯定句就是你所说及所想的一切。通常，大多数人嘴上说的跟心里想的，大多是消极负面的，这些话语跟想法并不会创造出好的经验。想要疗愈生命，你必须从积极正向的角度重新训练自己的思考及说话方式。

一个肯定句就能打开这扇门，这是踏上转变道路的起点。本质上，你是在对潜意识说："我要负起责任，我明白自己能做些什么来改变生命。"当我说"说出肯定句"时，我指的是有意识地选择某些字句，来帮助自己消除生命里的某些东西，或在生命里创造一些新事物。

你的每个念头，你所说的每一个字，都是一种肯定。你所有的自言自语、内在对话，都是一股肯定的力量。每个片刻，无论你知不知道，你都在使用肯定句，你正在用每句话、每个念头，来肯定及创造自己的人生经验。

你的信念不过是从小学会的惯性思考模式。对你来说，这些信念有许多都运作良好，但是有些信念却会限制你的能力，让你无法创造出你想要的东西。你想要的东西，跟你认为你值得拥有的东西，可能会很不一样。有些念头会创造出你不想要的生命经验，因此你必须注意自己的念头，才能消除这些念头。

请注意，每一次抱怨，都是对你生命里不想要的东西做出的肯定；每一次发怒，你都是在肯定自己想要在生命里出现更多愤怒；每一次你觉得自己像是个受害者，你都是在肯定自己想要继续以受害者自居。如果你觉得生命没有给你你想要的，可以确定的是你就不会拥有生命带给其他人的好事——直到你改变你思考和说话的方式为止。

用目前的方式思考，并不表示你是一个不好的人。你只是从未学到如何思考和说话。世界各地的人们现在才逐渐意识到思想可以创造经验。你的父母以前大概也不知道这些，所以他们也不可能教你。他们用他们的父母教导他们的方式来教你如何看待生命。所以，没有人是错的。然而，现在你该醒来了，要开始有意识地去创造一种生活——不仅让自己感到喜悦，还能得到支持。你可以做得到，我可以做得到，我们都可以做得到——我们只要学习如何去做。所以，让我们开始吧！

在这本书里，我会谈到特定的主题和大家关注的事（健康、恐惧的情绪、批判性想法、上瘾症、宽恕、工作、金钱、富足、朋友、爱情及亲密关系、衰老），并设计一些练习，让你知道如何在这些主题上做出积极的改变。

有些人说"肯定句没有效"（这句话本身就是种肯定），当他们这么说的时候，他们的意思其实是他们并不知道如何正确使用肯定句。他们可能想说："我越来越富足。"但是心底却想："喔，真蠢，我知道这么说没有效。"你觉得哪一个肯定句会胜出呢？当然是负面的想法，因为他们长期、惯性地在用这种方式看待生活。有时候，一天之中，人们说肯定句的时候只有一次，剩下的时间都在抱怨。这种方式下想让肯定句发挥效果需要很长的时间。抱怨的肯定句永远都会是赢家，因为数量较多，表达时的情绪通常也较为强烈。

无论如何，"说肯定句"只是一方面，你在白天和晚上的其他时间里所做的事情更为重要。让肯定句快速又持续有效的秘密在于，营造让它们成长的氛围。肯定句就像是种在土壤里的种子：土壤贫瘠，就长得不好；土壤肥沃，就长得旺盛。你选择愈多让自己感觉良好的信念，肯定句就会愈快起效。

所以，想些快乐的念头吧。就是这么简单，而且这是可行的。你在当下所选择的思考方式，就只是一个——选择。你可能没有发觉，因为你已经这样思考很久了，但你要如何思考真的是一种选择。

今天、现在、此时此刻，你可以选择改变你的想法。虽然你的人生不会一朝骤变，但如果你每天持续选择让自己感觉良好的想法，就一定会让自己人生的每个层面都有正面的改变。

创造肯定句

"说出肯定句"是有意识地选择特定想法，以期在未来彰显出正面结果。这些肯定句创造出一个焦点，能让你开始改变想法。肯定的表达方式，将透过你在当下所使用的字句，超越眼前的现实状况，进入未来的创造里。

当你选择说"我很富足"时，你现在的银行存款可能并不多，但当你说这句话时，你是在种下让未来富足的种子。每一次重复这句话，你就是在重新确认你在大脑中所种下的种子。所以你要在脑海中营造一个快乐的氛围——在肥沃富饶的土壤里，东西会长得更快。

很重要的是，说肯定句时，永远只用现在式，且不用简写（虽然我在整本书里，用了许多简写，但我从不用在肯定句中，因为我不想减弱肯定句的力量）。譬如，肯定句的起头通常是"我有……"或"我是……"，但如果你说"我即将要……"或"我将会有……"，你的心念就会停留在未来。宇宙会按字面的意思，将你所说和你想要的给予你。永远都是这样。这也是另一个要保持心情愉悦的原因——当你感觉愉悦时，也较容易用正面肯定句的方式来思考。

这么想吧：你的每个念头都算数，所以不要浪费你珍贵的念头。每一个正面念头，都会将美好带入你的生命。每一个负面思考，都会把美好赶走，让你碰触不到。在你的生命里，有多少次美好的事物在即将唾手可得的最后一刻溜走了？如果你记得当时心里的感受，你就会有答案了。负面思考太多，会成为正面肯定句的阻碍。

如果你说"我再也不想生病了",这并不是让自己健康起来的肯定句。你必须清楚地说出你真正想要的:"我接纳完全健康的状态。""我讨厌这台车"并不会为你带来一辆很棒的新车,因为你的陈述并不清楚。即使你真的获得一台新车,没多久,你可能也会开始讨厌它,因为你一直在肯定这种厌恶的情绪。如果你想要新车,就要这么说:"我拥有一台能满足我所有需求的漂亮新车。"

你会听到有人说:"生活糟透了!"(这是一个很糟糕的肯定句。)你能想象得出这个句子会为你吸引来什么样的经验吗?当然,不是生活糟透了,是你的想法糟透了。那样的念头会让你感觉很糟,而当你感觉很糟时,不会有任何美好的事物进入你的生命。

不要浪费时间去争辩自己的状况:关系不佳、问题、疾病、贫穷等。你愈是谈论问题,就愈会把它固定下来。不要把生活里看似错误的部分,怪罪到别人身上——那只是在浪费时间。要记得,你的生活只会受到你自己的意识、你的念头的影响。那些经验的出现,就是你思考方式的结果。

现在,让我们进入各个不同的主题吧!

 作者的话

　　以下各章的练习，都需要分别写在不同的纸张上来完成，所以我建议你在使用这本书时，手边放一沓纸或一本空白的记事本。

CHAPTER ONE

第一章 ｜ 拥有健康的肯定句

我是美好的

关于健康的自检清单

以下描述，你认为适用于你的，请打钩。在本章最后，你将能够以正面念头来面对负面念头。

- ☐ 我每年感冒三次。
- ☐ 我的能量很低。
- ☐ 我康复得很慢。
- ☐ 我的过敏常常复发。
- ☐ 我的家族有心脏病史。
- ☐ 我一直不断地在生病。
- ☐ 我持续感到背痛。
- ☐ 我头痛总是不好。
- ☐ 我一直便秘。
- ☐ 我的脚会经常痛。
- ☐ 我一直在伤害自己的身体。

第一章　拥有健康的肯定句

你要清楚，无论你怎么疏于照顾自己的身体，你的身体都在试图维持一个最佳的健康状态。如果你好好照顾身体，它会回馈你充满活力的健康能量。

我相信我们对身体的每种疾病都有"贡献"。身体，就如同生命中的任何一件事情，是我们内在思想和信念的一面镜子。我们的身体总是在对我们说话，只要我们愿意花时间倾听。我们身体内的每个细胞都会对我们的每一个念头产生反应。

当我们发现疾病背后的思考模式，就有机会改变这个模式，也因此能改变这个"不舒服（dis-ease）"。在意识层面上，大多数人都不愿生病，然而每次"不舒服"都是我们的老师。身体透过疾病，告诉我们在意识里有个错误的观念。某些我们所相信、所说、所做或所思考的，并不符合最高的善（highest good）。我总是想象身体使劲地对我们说："拜托——请注意！"

有时候人们是想要生病的。在我们的社会里，很多人把疾病变成一个合理的方式来逃避责任或不愉快的情境。如果我们不会拒绝，可能我们就必须创造出一个"不舒服"的状况，来帮助我们拒绝。

几年前我读过一份很有趣的报告。报告中指出，只有30%的病人会遵照医生的指示。约翰·哈里逊（John Harrison）医生写了一本引人入胜的书《爱你的疾病》（Love Your Disease），他说有许多人去看医生，只是为了要舒缓急性症状——这么一来，他们就能忍受自己的"不舒服（dis-ease）"。就仿佛在医生跟病人之间，有一个不成文的潜意识的约定：只要病人假装为自己的状况做些什么，医生就同意不治好病人。同样，在这个约定里，一个人决定付费，另一个人则成为权威的角色……这么一来，双方都很满意。

真正的疗愈包含了身、心、灵三方面。我相信如果我们"治好"了某一种疾病，却不处理与其相关的情绪和心灵方面的问题，这种疾病就只好再次复发。

第一章　拥有健康的肯定句

 释放你的健康问题

你是否愿意释放让健康出了问题的"需要"？同样，当你有想要改变的状况，必须做的第一件事就是把这个想法说出来。你可以说："我愿意释放我内在造成这个状况的'需要'。"看着镜子说，一想到自己的症状时就说。这是创造改变的第一步。现在，请做以下几件事：

- ☐ 列出你母亲所有的疾病。
- ☐ 列出你父亲所有的疾病。
- ☐ 列出你所有的疾病。
- ☐ 你发现它们之间的关联了吗？

我是美好的

 练习

 健康与不舒服

让我们来检视你的一些关于健康和疾病的信念。请回答以下的问题，尽可能保持开放与诚实。

- ☐ 关于你孩童时期的疾病，你记得些什么？
- ☐ 关于疾病，你从父母亲那里学到了什么？
- ☐ 假如有的话，你孩童时期的疾病让你享受到了什么？
- ☐ 直到今天，你还相信这些在孩童时期就有的关于疾病的信念吗？
- ☐ 你对你目前的健康状态做出了什么"贡献"？
- ☐ 你希望你的健康状况有所改变吗？如果是，会是什么样的改变？

第一章 | 拥有健康的肯定句

 练习

 你对疾病的信念

尽可能诚实地回答以下的句子。

- [ ] 我让自己生病的方法是……
- [ ] 当我试着逃避……的时候就会生病。
- [ ] 当我生病的时候,我总是想……
- [ ] 当我在孩童时期生病时,我母亲总是……
- [ ] 我生病时最大的恐惧是……

我是美好的

 肯定的力量

让我们来发掘写肯定句的力量吧!写下一个肯定句,会加强它的力量!把一个与你健康有关的肯定句写25遍。你可以自己创造肯定句,或者使用以下其中一个。

☐ 我的疗愈正在进行中。
☐ 我用爱聆听身体的讯息。
☐ 我现在的健康状况是容光焕发、充满活力、朝气蓬勃。
☐ 我对自己完美的健康状况充满感激。
☐ 我值得拥有良好的健康状态。

第一章 | 拥有健康的肯定句

 自我价值

让我们来检视自我价值与健康的关联。回答以下问题，如果答案是负面的，就创造一个正面的肯定句来面对它。

☐ 我值得拥有良好的健康状态吗？

答案示例：不。我的家族有遗传疾病。

肯定句示例：现在我接受并且我值得拥有完美的健康状态。

☐ 关于健康，我最大的恐惧是什么？

答案示例：我害怕我会生病，然后死去。

肯定句示例：现在我健健康康，我是安全的。我总是被爱的。

我是美好的

☐ 我可以从这个信念获得些什么?

答案示例:我不用负责任或不用去工作。

肯定句示例:我是自信且安全的。生活对我来说很容易。

☐ 如果我释放这个信念,我害怕发生什么?

答案示例:我必须长大。

肯定句示例:对我来说,成为一个大人是安全的。

第一章 | 拥有健康的肯定句

以下会再次出现这一章开头那份自检清单中的句子,并会分别附上与这些句子中的信念相对应的肯定句。让这些肯定句成为你生活的一部分,在坐车、工作、照镜子,或当任何负面信念浮现时,时常说出这些肯定句。

✗ 我每年感冒三次。
✓ 我时时刻刻都很安全又有保障。爱围绕着我,保护着我。

✗ 我的能量很低。
✓ 我充满了能量与热诚。

✗ 我康复得很慢。
✓ 我的身体迅速康复。

✗ 我的过敏常常复发。
✓ 我的世界很安全。我是安全的。我和所有的生命都和谐共处。

✗ 我的家族有心脏病史。
✓ 我不是我的父母。我健康又完整,并充满喜悦。

我是美好的

☒ 我一直不断地在生病。
☑ 现在我拥有健康。我释放过去。

☒ 我持续感到背痛。
☑ 生命爱我,并支持我。我是安全的。

☒ 我头痛总是不好。
☑ 我不再批判自己;我的心很平静,而且一切都很好。

☒ 我一直便秘。
☑ 我允许生命流经我。

☒ 我的脚会经常痛。
☑ 我愿意轻松地向前迈进。

☒ 我一直在伤害自己的身体。
☑ 我对自己的身体仁慈。我爱我自己。

第一章 | 拥有健康的肯定句

 关于健康的疗愈词

我和生命是合一的,
生命完全地爱我、支持我。

所以,我能一直拥有完美又充满活力的健康。
我的身体知道如何拥有健康,我会与它合作,
给予它健康的食物与饮料,
并以让我感到有乐趣的方式运动。
我的身体爱我,我也爱它,我会珍惜我宝贵的身体。
我不是我的父母亲,我不会选择复制他们的疾病。
我是独一无二的自己,
而且我健康、快乐、完整地在生命中行动。
这是我存在的真实,我也如此接受它。
我的身体,一切安好。

我允许自己安然无恙。

CHAPTER TWO

第二章 | 面对恐惧的肯定句

我是美好的

关于恐惧的自检清单

以下描述，你认为适用于你的，请打钩。在本章最后，你将能够以正面念头来面对负面念头。

- [ ] 我一直都是焦虑的。
- [ ] 没有一件事是顺利的。
- [ ] 我害怕变老。
- [ ] 我害怕飞行。
- [ ] 人群会使我感到惊吓。
- [ ] 如果我无家可归怎么办？
- [ ] 我对表达自己的感受感到困难。
- [ ] 我控制不了脾气。
- [ ] 我无法专注于任何事情。
- [ ] 每个人都反对我。
- [ ] 我觉得很失败。
- [ ] 如果我必须忍受痛苦的死亡怎么办？
- [ ] 我害怕孤单一个人。

第二章 面对恐惧的肯定句

我相信在任何情况下,我们都可以在爱与恐惧之间做一个选择。我们经验到改变的恐惧、不改变的恐惧、对未来的恐惧,还有冒险的恐惧。我们既害怕亲密关系,又害怕孤单一个人。我们既怕让别人知道我们的需要及我们是谁,又害怕放下过去。

另一方面,我们有爱。爱是我们在寻找的奇迹。爱自己,会在生命里出现神奇的效果。我所说的不是虚荣或是傲慢,因为那并不是爱,那是恐惧;我说的是对自己抱有很深的尊重,并对自己的身心奇迹表达感谢。

提醒自己,当你感到恐惧时,你就不是在爱和相信自己。感觉自己"不够好",会干扰做决定的过程。当你对自己不确定的时候,如何能做出好的决定呢?

苏珊·杰菲斯(Susan Jeffers)在她的书《战胜内心的恐惧》(*Feel the Fear and Do it Anyway*)里写道:"每个人在接触生命里的全新事物时,都会感到恐惧,但仍然有那么多人勇往直前地'去做',可见恐惧并不是问题。"她继续说道:"真正的问题不是恐惧,而是我们如何掌控恐惧。我们可以站在充满力量的角度去战胜恐惧,也可以站在无助的角度去处理它。因此,恐惧就不再是重点了。"

当看到自以为的问题之后,我们会发现真正的问题。然而,感觉"不够好"、缺乏对自己的爱,才是真正的问题。

情绪是最痛苦的问题之一。有时候,我们会感到愤怒、悲伤、寂寞、愧疚、焦虑或是害怕。当这些感觉控制并主宰了你,你的生活就会变成情绪的战场。

怎么处理自己的情绪是很重要的。我们将会采取某些行动吗?我们将会惩罚别人,还是会将自己的意志强加在别人身上?我们将会在某种程度上虐待自己吗?

觉得自己"不够好"的信念,往往是这些问题的

第二章 面对恐惧的肯定句

根源。良好的心智是从"爱自己"开始的。当我们完全地爱与接纳自己——美好的及所谓坏的部分——我们就可以开始改变。

释放掉他人的意见,是自我接纳的一部分。许多我们所选择的对自己的看法,实际上根本与事实无关。

示例来说,多年前,我还在进行个人心理咨询时,有位叫艾力克的年轻人是我的客户。他非常英俊,是收入颇丰的模特儿。他告诉我,对他来说,去健身房是非常困难的一件事,因为他觉得自己如此没有吸引力。

当我们一起面对这个状况时,他想起幼年时一个欺负他的邻居总是叫他"丑八怪",这个人还会打他,并不停地威胁他。为了不再被骚扰,让自己感到安全,艾力克开始躲藏。他开始相信自己不够好,甚至在他的心里,认为自己很丑。

通过爱自己及正面肯定,艾力克有了很大的进步。

他的焦虑感可能还会来来去去，但是现在他有了可以运用的工具。

记住，但凡觉得自己不足，都是从对自己的负面念头开始的。然而，除非我们允许这些念头来影响我们，否则它们是没有力量的。念头只是串在一起的字句，根本没有意义。只有当我们在脑海里一遍又一遍把注意力放在负面讯息上时，我们才将意义赋予这些念头。我们总相信自己最不好的那一面，而且我们选择了要赋予它们什么样的意义。

请相信，我们永远是完美的，永远是美丽的，而且一直在改变——我们总是用我们所拥有的理解、知识和觉知尽力做到最好。随着我们的成长，改变愈来愈大，我们的"最好"只会愈来愈好。

Exercise 练习

放下

当你读到这个练习,做深呼吸。当你吐气时,让紧绷感离开你的身体,让你的头皮、额头和脸放松(你的头不需要因为阅读而紧绷),让你的舌头、喉咙还有肩膀都放松,让你的背部、肚子和骨盆放松,让你的呼吸随着你放松腿和脚的时候保持平静。

当你做完上面的练习,你是否感觉到身体有明显的改变?在放松及舒服的状态下,对自己说:"我愿意放下,我释放。我释放所有的紧绷,我释放所有的恐惧,我释放所有的愤怒,我释放所有的愧疚,我释放所有的悲伤。我放下旧有的限制,我放下,而且我很平静。我享受自己的平静,我享受生命过程的平静。我很安全。"

重复这个练习两三次。一旦有困难的念头出现,就做这个练习。你需要持续练习一段时间,来让这个练习成为你的习惯。当你熟悉这个练习之后,就可以随时随地进行。不管在任何情况下,你都能完全放松。

我是美好的

Exercise | 练习

🔹 恐惧和肯定句

在下面每个事项后面，写下你最大的恐惧。然后，写下一个可以与之对应的肯定句。

☐ 事业

恐惧的示例：我害怕没有人看到我的价值。

肯定句的示例：职场上的每个人都很欣赏我。

☐ 生活状况

恐惧的示例：我永远也不会有自己的家。

肯定句的示例：有一个完美的家在等着我，而且现在我接受它。

☐ 家庭关系

恐惧的示例：我的父母不会接受我原本的样子。

肯定句的示例：我接受我的父母，同样地他们也接受我、爱我。

第二章 | 面对恐惧的肯定句

☐ 金钱

恐惧的示例：我害怕贫穷。

肯定句的示例：我相信我所有的需求都会得到满足

☐ 外表

恐惧的示例：我觉得自己又胖又没有吸引力。

肯定句的示例：我释放掉批判自己身体的"需要"

☐ 性

恐惧的示例：我怕我必须"为性而性"。

肯定句的示例：我很放松，而且我顺着生命之流轻松自在地活着

☐ 健康

恐惧的示例：我怕我会生病，又无法照顾自己。

肯定句的示例：我永远都会吸引来我所需要的帮助

我是美好的

☐ 关系

恐惧的示例：我不认为有任何人会爱我。

肯定句的示例：我拥有爱和接纳，我爱我自己。

☐ 年老

恐惧的示例：我害怕变老。

肯定句的示例：每个年纪都有无限可能。

☐ 死亡和临终

恐惧的示例：如果死亡之后没有生命怎么办？

肯定句的示例：我信任生命的过程，我在永恒无尽的旅程里。

Exercise | 练习

正面肯定

从上一个练习里,选一个与你最相关又迫切的恐惧类别。用观想的方式,看到自己带着正面的结果穿越那个恐惧,看到自己自由而平和的感觉。

现在,写 25 遍正面肯定句。记住你正在发掘的力量!

Exercise | 练习

和你的内在小孩玩游戏

当你处于焦虑或恐惧的状态里无法好好过日子时，你可能抛弃了你的内在小孩。想一些办法，与内在小孩重新联结。做什么会让你感到有趣？你可以为自己做些什么？

列出15种你可以跟自己的内在小孩玩得开心的方法。你可以享受以下这些活动：阅读好书、看电影、莳花弄草、旅行，或是泡个热水澡。来些"孩子气"的活动如何？真的要花点时间想一想。你可以到海边跑步，到游乐场荡秋千，用蜡笔画画，或是爬树。列出清单，每天你至少尝试一种活动，让疗愈开始吧！

看看你发现了什么！继续下去——你可以为你和你的内在小孩创造这么多乐趣！感受你们俩之间的关系疗愈得愈来愈好。

第二章 | 面对恐惧的肯定句

以下会再次出现这一章开头那份自检清单中的句子,并会分别附上与这些句子中的信念相对应的肯定句。让这些肯定句成为你生活的一部分,在坐车、工作、照镜子,或当任何负面信念浮现时,时常说出这些肯定句。

✗ 我一直都是焦虑的。
✓ 我很平静。

✗ 没有一件事是顺利的。
✓ 我的决定总是最适合我的。

✗ 我害怕变老。
✓ 我活在最适当的年纪,而且我享受每个新的时刻。

✗ 我害怕飞行。
✓ 我将自己放在安全的中心,并接受我生命的完美。

✗ 人群会使我感到惊吓。
✓ 我到哪里都是被爱且安全的。

✗ 如果我无家可归怎么办?
✓ 我在宇宙的家里。

我是美好的

☒ 我对表达自己的感受感到困难。
☑ 表达自己的感受是安全的。

☒ 我控制不了脾气。
☑ 我享受自己及生命的平静。

☒ 我无法专注于任何事情。
☑ 我的内在洞察力清晰而分明。

☒ 每个人都反对我。
☑ 我受人喜爱，每个人都欣赏我。

☒ 我觉得很失败。
☑ 我的生命是成功的。

☒ 如果我必须忍受痛苦的死亡怎么办？
☑ 我会在适当的时候安详且舒适地死去。

我害怕孤单一个人。
☑ 我表达爱，我到哪里都能吸引到爱。

让自己感觉好的疗愈词

我和生命是合一的,
生命完全地爱我、支持我。

所以,我能一直拥有情绪上的健康。
我是自己最好的朋友,我也享受和自己一起生活。
经验来来去去,身边的人也来来去去,
但我会永远支持自己。
我不是我的父母亲,也不会重复他们不快乐情绪的模式。
我只选择令人平静、喜悦和鼓舞的念头。
我是独一无二的自己,
而且我舒服、安全、平静地体验生命。
这是我存在的真实,我也如此接受它。
我的心灵和头脑,一切安好。

我允许自己保持平和。

CHAPTER THREE

我接纳我所有的情绪，但我选择不沉溺其中。

第三章 | 放下批判性想法的肯定句

我是美好的

关于批判性想法的自检清单

以下描述，你认为适用于你的，请打钩。在本章最后，你将能够以正面念头来面对负面念头。

- [ ] 人们好愚蠢。
- [ ] 如果我不是那么胖，我就会去做。
- [ ] 那些是我见过最丑的衣服。
- [ ] 他们永远也没有办法完成工作。
- [ ] 我真是一个蠢蛋。
- [ ] 我如果发脾气，就会失去控制。
- [ ] 我没有权利生气。
- [ ] 愤怒是不好的。
- [ ] 有人生气时，我就会感到害怕。
- [ ] 生气是不安全的。
- [ ] 如果我发脾气，别人就不会爱我了。
- [ ] 满肚子气让我受不了。
- [ ] 我从来都不会生气。
- [ ] 我的邻居吵死了。
- [ ] 没有人问过我是怎么想的。

第三章 放下批判性想法的肯定句

你的内在对话听起来像是这样吗？你内在的声音是否在不断地挑剔、挑剔，又挑剔？你是否在用一双批判的眼睛看这个世界？你是否评断每一件事？你是否总是自以为是？

大多数的人都有很强的评断和批判的习性，强到难以改掉这样的习惯。然而，这是需要立即面对的重要问题。除非我们能摆脱指责生命的"需要"，否则我们不可能真正地爱自己。

当你还是一个婴儿时，你对生命是如此敞开。你用一双充满惊叹的眼睛看世界。除非有可怕的东西或某人伤害了你，否则你会如实地接纳生命。随后，当你长大，你便开始接受别人的意见，并将这些意见变成自己的。

你学会了如何批评。

我是美好的

Exercise | 练习

🟩 放下批判性想法

让我们来检视一些你对批判性想法的信念。请回答以下的问题，尽可能开放与诚实。

- ☐ 你的家庭模式是什么？
- ☐ 你从母亲那里学到了什么样的批评？
- ☐ 她批评了些什么？
- ☐ 她有批评你吗？如果有，是什么？
- ☐ 你父亲在什么时候会很主观？
- ☐ 他会批评他自己吗？
- ☐ 你父亲如何批评你？
- ☐ 互相批评是否是你家的模式？如果是，那都是在什么时候？他们又是如何互相批评的？
- ☐ 你是否记得你第一次被人批评是在什么时候？
- ☐ 你家人如何评断邻居？

第三章 放下批判性想法的肯定句

现在请回答以下的问题：

你在学校里有充满爱和支持你的老师，还是他们总是告诉你你缺少了什么？他们都对你说了些什么？

你能否看到你从哪里学到了批判模式？在你童年时，谁是最会批判的人？

我相信批判会让我们的精力衰退，只会加强我们"不够好"的信念。批判，当然不会让我们迎来最好的自己。

我是美好的

Exercise | 练习

◆ 替换你的"应该"

我经常说,我相信在我们的语言里,"应该(should)"是最具破坏性的词之一。每次我们说我"应该"如何如何的时候,其实是在说自己不对,或我错了,或我即将会是错的。我很想将"应该"永远逐出字典,并用"可以(could)"来替换它。"可以"给了我们一种选择性,这样我们就永远不会是错的。

想五件你"应该"做的事,然后用"可以"替代"应该"。

现在,问问你自己:"为什么我一直没有这么做?"你可能会发现自己为了从来就不想做的事或者完全不是自己想法的事,一直在训斥自己。从你的清单里,你可以删掉多少个"应该"?

第三章 | 放下批判性想法的肯定句

Exercise | 练习

看见批判性的自己

批判会瓦解内在的精力,且什么也改变不了;赞赏会提振精神,且能带来正向的改变。在爱和亲密关系这部分,写下两个你批判自己的方法。也许你无法告诉别人你的感受或你的需要。也许你害怕两性关系或吸引到伤害你的伴侣。然后,想想关于这部分,你能赞美自己的地方。

示例:

- [ ] 我批判自己,因为我总是会选择无法满足我需要的人,而且我在关系里太黏人。

- [ ] 我赞美自己,因为我可以告诉某人我喜欢他(这让我感到害怕,但我还是做到了),而且我允许自己去坦率地爱和亲昵。

我是美好的

现在想想你批评自己的地方,再想想关于这些方面,你如何赞美自己。

恭喜你!你已打破了另一个旧习惯!你正在学习赞美自己——就在这一刻,而且着力点永远都在当下。

第三章 放下批判性想法的肯定句

Exercise 练习

承认我们的感受

愤怒是自然又正常的情绪。婴儿也会抓狂，但是他们生完气就结束了。很多人都感到愤怒是不好、不礼貌或无法接受的。我们学着吞下愤怒。然而，这些愤怒沉积在我们的身体里，在关节和肌肉里，慢慢累积，变成怨怼。一层又一层被压抑的愤怒转变成怨恨，会造成不适（dis-ease）的状况，像关节炎、各种疼痛，甚至是癌症。

我们必须接纳所有的情绪，包括愤怒，然后找到正面的方式来表达这些感受。我们不需要打人或是发泄到别人身上，但是我们可以简单又清楚地说，"这让我很生气"或"我对你所做的感到生气"。如果不方便这么说，我们还有很多别的方式：我们可以对枕头大叫，用力打沙包，跑步，摇上车窗之后大吼，打网球，等等。这些都是宣泄情绪的健康出口。

我是美好的

- [ ] 你家里的愤怒模式是什么？
- [ ] 你父亲如何处理他的愤怒？
- [ ] 你母亲如何处理她的愤怒？
- [ ] 你的兄弟姊妹如何处理他们的愤怒？
- [ ] 你家里是否有替罪羊？
- [ ] 你在孩童时期如何处理你的愤怒？
- [ ] 会表达你的愤怒吗，还是会压抑下来？
- [ ] 你用什么方法压抑愤怒？
- [ ] 你是否：

    ——过度进食？　　　　是　否

    ——老是生病？　　　　是　否

    ——常发生意外？　　　是　否

    ——常加入争吵？　　　是　否

    ——是表现不好的学生？是　否

    ——总是在哭泣？　　　是　否

- [ ] 你现在如何处理你的愤怒？
- [ ] 你是否看出你的家庭模式？
- [ ] 当你表达愤怒时，你像哪一位家庭成员？
- [ ] 你有权利生气吗？
- [ ] 为什么有或为什么没有？是谁说的？
- [ ] 你是否允许自己用适当的方式表达所有感受？

第三章　放下批判性想法的肯定句

一个孩子要茁壮成长，需要爱、接纳和赞美。我们不应以制造"错误"的方式，而要以"更好"的示范来帮助孩子。同样地，你的内在小孩也需要爱和认同。

你可以对你的内在小孩说以下正面的肯定句：

"我爱你，而且我知道你会尽力做到最好。"
"你现在的样子就是完美的。"
"你会愈来愈棒。"
"我赞成你。"
"我们来看看是否可以找到更好的方法来做这件事。"
"成长跟改变是有趣的，而且我们可以一起这么做。"

我是美好的

　　这些是孩子想听到的话，而且会让他们感觉良好。当他们感觉良好的时候，他们就会尽力做到最好，进而有最好的表现。

　　如果你的小孩或你的内在小孩长期习惯自己是"错的"，那要他接受新的、正面的话语就得需要多一点时间。如果你确定要释放你内在的批判并且持续去做，你就会创造出奇迹。

　　给你自己一个月的时间，用正面的方式与你的内在小孩对话。运用之前列出来的肯定句，或列出你自己的肯定句，把这些肯定句带在身上。当你察觉到自己开始批判了，就拿出这份清单，念个两三遍。若是能在镜子前大声念出来，就更好了。

Exercise 练习

🟩 倾听自己

这个练习需要一个录音设备。录下你在与别人通电话时的对话,大约录一个礼拜——只要录下自己的声音。录完之后找个时间,坐下来听听看。不只听你自己说什么,还要听你自己是怎么说的。你的信念是什么?你批评了何人、何事?你听起来,是像你父亲,还是你母亲?

当你释放掉总是挑剔自己的"需要",你会注意到你不再那么常批评别人。当你可以接纳自己,你自然也会允许别人做他们自己。他们的小习惯不再那么干扰你。你释放掉改变他们的"需要"。当你停止评断别人,他们也会释放掉评断你的"需要"。每个人都想要自由。

你可能是个批判身边每一个人的人。如果你是这样,你也一定会批判你自己。所以你可以问问自己:

☐ 从无休止的愤怒里,我得到了什么?
☐ 如果我放下愤怒,会怎么样?
☐ 我是否愿意原谅,让自己自由?

Exercise | 练习

◆ 写信

想一个让你感到生气的人，也许那是过去的愤怒。写一封信给这个人，告诉他你所有的不忿和感受。不要压抑，真正地表达自己。当你写完信，重读一次，然后折起来，并在背面写上："我真正想要的其实是你的爱与认可。"接着烧掉这封信并释放你的愤怒。

第三章 | 放下批判性想法的肯定句

Mirror 镜子工作

镜子工作既简单,又很有力量。你只要在说肯定句时看着镜子,镜子就会将你真实的感受反射给你。当你还是孩子时,你从大人那里接收到很多的负面讯息,他们中的很多人会直视着你的眼睛,或许还会对着你左右摆动食指。

今天,我们绝大多数人看着镜子时,都会说一些负面的话。我们不是批评自己的长相,就是为了其他事情训斥自己。

直视自己的眼睛,对自己说出正向的话语,是运用肯定句得到正面效果的最快方法。我希望你每次经过镜子时,都看着自己的眼睛,说一些正面的话。

那么,现在请想着另一个人,甚至可以是上个练习中令你生气的人。在镜子前坐下来,确定身边放有纸巾。看着自己的双眼,然后"看见"另一个人。告诉这个人你因为什么那么愤怒。

结束之后,告诉他:"我真正想要的其实是你的爱和认可。"我们都在寻求爱与认可,那是我们想从每个人身上得到的,也是每个人想从我们身上得到的。爱和认可将和谐带进我们的生活里。

要让自己自由,就必须释放那些绑住你的老旧牵绊。那么,再一次看着镜子,对自己确认"我愿意释放成为一个生气的人的需要"。注意觉察你是真的愿意放下,还是依然紧抓着过去。

第三章 | 放下批判性想法的肯定句

以下会再次出现这一章开头那份自检清单中的句子,并会分别附上与这些句子中的信念相对应的肯定句。让这些肯定句成为你生活的一部分,在坐车、工作、照镜子,或当任何负面信念浮现时,时常说出这些肯定句。

- ☒ 人们好愚蠢。
- ☑ 每个人都在尽力而为,包括我自己。

- ☒ 如果我不是那么胖,我就会去做。
- ☑ 我欣赏我独一无二的身体。

- ☒ 那些是我见过最丑的衣服。
- ☑ 我喜爱人们从衣着上展现的独特性。

- ☒ 他们永远也没有办法完成工作。
- ☑ 我释放批判别人的"需要"。

- ☒ 我真是一个蠢蛋。
- ☑ 我每天都愈来愈熟练。

- ☒ 我如果发脾气,就会失去控制。
- ☑ 我在适当的场合用恰当的方式表达我的愤怒。

- ☒ 我没有权利生气。
- ☑ 我所有的情绪都可以被接受。

我是美好的

☒ 愤怒是不好的。
☑ 愤怒是自然且正常的。

☒ 有人生气时,我就会感到害怕。
☑ 我安慰我的内在小孩,我是安全的。

☒ 生气是不安全的。
☑ 我所有的情绪都是安全的。

☒ 如果我发脾气,别人就不会爱我了。
☑ 我愈诚实,就愈受人喜爱。

☒ 满肚子气让我受不了。
☑ 我允许自己情绪上的自由,包括愤怒。

☒ 我从来都不会生气。
☑ 合理地表达愤怒会让我更加健康。

☒ 我的邻居吵死了。
☑ 我释放被打扰的"需要"。

☒ 没有人问过我是怎么想的。
☑ 我的意见是受到重视的。

第三章 | 放下批判性想法的肯定句

平静生活的疗愈词

我和生命是合一的，
生命完全地爱我、支持我。

所以，在任何层面，我都能拥有爱与接纳。
我接受我所有的情绪，
并且在事件发生时能够恰当地表达它们。
我不是我的父母，
也不会执着于重复他们愤怒与批判的模式。
我学会观察，而不是立即做出反应，
现在我生活的起伏波动幅度已经小多了。
我是独一无二的自己，我也不再为小事抓狂，
我内心平静。
这是我真实的存在，我也如此接受它。
我的内在状况，一切安好。

我允许自己接纳自己的感受。

CHAPTER FOUR

> 没有任何人、事、地、物可以掌控我的力量。我是自由的。

第四章 ｜ 处理成瘾症的肯定句

我是美好的

关于成瘾症的自检清单

以下描述，你认为适用于你的，请打钩。在本章最后，你将能够以正面念头来面对负面念头。

- ☐ 我想减轻痛苦。
- ☐ 抽烟会减缓我的压力。
- ☐ 频繁的性行为让我不再想那么多。
- ☐ 我无法停止进食。
- ☐ 喝酒让我备受欢迎。
- ☐ 我需要完美。
- ☐ 我经常赌博。
- ☐ 我需要镇静剂。
- ☐ 我无法停止购物。
- ☐ 要我离开虐待性关系很困难。

第四章 | 处理成瘾症的肯定句

成瘾行为是说"我不够好"的另一种方式。当我们陷在这样的行为里,其实是在试图逃避自己。我们不想碰触自己的感受。因为我们所相信的、所记得的、所说的或所做的某些事情太过痛苦,令我们难以面对,所以我们过度进食、酗酒、发生强迫性性行为、滥服药物、过度消费,以及吸引虐待性关系。

我认为我们得先弄明白自己内在对这些成瘾行为的"需要"。在改变行为之前,必须先释放那个"需要"。

爱并认可自己,相信生命的历程,信任自己的心智力量而感觉安全,这些都是在改善成瘾行为时非常重要的前提。在与成瘾症者相处的经验里,我发现这些人绝大部分都对自己抱有很深的敌意,他们很难宽恕自己。一天又一天,他们惩罚着自己。为什么呢?

我是美好的

因为在某个时间点（很可能是童年时），他们接受了自己"不够好"的想法——他们是"坏的"，而且需要受到惩罚。

早期的童年经验中若有遭受肉体、情绪或是性方面的虐待，就会造成那种自我怨恨。而诚实、宽恕、爱自己以及愿意活在真实中，可以帮助疗愈这些早期创伤，并让成瘾症者能暂免于成瘾行为。我还发现，成瘾型的人格中充满恐惧——对于放下与信任生命的过程，有巨大的恐惧。如果我们相信这个世界是不安全的，充满了等着"惹"我们的人、事、物，那么这个信念就会变成我们的实相。

你是否愿意放下不支持你、不滋养你的想法和信念呢？如果是，那你就准备好继续这趟旅程。

第四章 | 处理成瘾症的肯定句

Exercise | 练习

释放你的瘾头

改变就从这里开始——此时此刻，从你的大脑开始！做几次深呼吸，闭上眼睛，想着那个让你成瘾的对象、场景或事情，想着这瘾头背后的疯狂。你正抓住外在的某样东西，来试图修复你内在被认为不好的部分。着力点就是当下，今天你就可以开始转变。

再一次，请真诚地释放掉那个需要。请说："我愿意释放生命里对_____的需要。我现在就释放它，并相信生命的历程会满足我的需要。"

在每日清晨的冥想和祈祷中，都说出这句话。如此，你已经往自由又迈进了一步。

我是美好的

Exercise | 练习

🟩 列出你的秘密瘾头

关于你的瘾头，列出你从未告诉别人的 10 个秘密。如果你是过度进食者，也许你曾从垃圾箱里找过东西吃；如果你有酒瘾，也许你在车上藏了酒，一边开车一边喝；如果你无法克制自己的赌博行为，或许你让你的家人涉险为你借钱，好让你一直赌下去。请尽可能开放、诚实。

你现在感觉如何？看着你最"糟糕"的秘密。观想当时的自己，并且爱那个自己。表达你有多爱他、多宽恕他。看着镜子并且说："我原谅你，我爱你真实的样子。"深呼吸。

第四章 | 处理成瘾症的肯定句

Exercise | 练习

询问你的家人

让我们暂时回到你的童年,并回答下面的问题。

- [ ] 我母亲总是要我……
- [ ] 我真希望听到她说……
- [ ] 我母亲真的不知道的事情是……
- [ ] 我父亲告诉我不应该……
- [ ] 要是我父亲知道……
- [ ] 我希望我只对父亲说过……
- [ ] 妈妈,我原谅你……
- [ ] 爸爸,我原谅你……

许多人告诉我,由于过去发生的某些事,他们无法享受今天。抓着过去不放,只会伤害我们。我们拒绝活在当下。然而过去已经结束,无法改变,我们唯一能经验到的只有当下。

我是美好的

Exercise | 练习

🟩 释放过去

现在让我们清理头脑里的过去。放掉对过去的情绪依赖。让回忆就只是回忆吧。

如果你还记得 10 岁时穿的衣服，那通常没有什么情绪依赖，那只是个记忆。这对所有过往的生命经历，都一样适用。当你放下，你就可以自由地运用所有的心智力量来享受当下，并创造光明的未来。

你不需要因为过去而一直惩罚自己。

☐ 列出你愿意放下的所有事情。
☐ 你有多愿意放下？注意自己的反应，把这些感受写下来。
☐ 要放下这些事情，你必须做些什么？你有多想这么做？

Exercise | 练习

自我认可

现在你已经知道了在成瘾行为里,自我怨恨扮演了多么重要的角色。现在让我们来做一个我最喜欢的练习。我将这个练习传授给了难以计数的人们,发现效果惊人。

在接下来的一个月里,只要你一想到自己的瘾头,就一次又一次对自己说:"我认可我自己。"

一天说个三四百次。不,这次数一点也不多。因为当你烦心时,你在一天里重复想自己问题的次数至少也有这么多。让"我认可我自己"成为叫醒你的警句,让你一次又一次几乎不停地对自己这么说。

我是美好的

当你说这句话，可想而知，你的意识里一定会冒出与这句话相反的负面念头。当负面念头进入你的心智时——不管冒出的是什么负面的胡言乱语，比如，"你怎么可以认可自己，你把钱全部都花光了"，或是"你刚吃了两块蛋糕"，或是"你永远也不会有任何作为"——这便是你掌控自己心智的时候了。让这个负面念头失去重要性——你就只是如实地看着它，温柔地对这个念头说："谢谢你的分享。我允许你离开。我认可我自己。"除非你选择相信这些抗拒的念头，否则它们对你并没有力量。

第四章 | 处理成瘾症的肯定句

以下会再次出现这一章开头那份自检清单中的句子,并会分别附上与这些句子中的信念相对应的肯定句。让这些肯定句成为你生活的一部分,在坐车、工作、照镜子,或当任何负面信念浮现时,时常说出这些肯定句。

✗ 我想减轻痛苦。
✓ 我很平静。

✗ 抽烟会减缓我的压力。
✓ 我用深呼吸释放压力。

✗ 频繁的性行为让我不再想那么多。
✓ 我有力量、能力和经验去处理生命里的每一件事。

✗ 我无法停止进食。
✓ 我用对自己的爱滋养自己。

✗ 喝酒让我备受欢迎。
✓ 我接纳一切,而且我深深受人喜爱。

我是美好的

☒ 我需要完美。
☑ 我释放这个无聊的信念。我现在已够好了。

☒ 我经常赌博。
☑ 我对内在的智慧保持开放。我很平静。

☒ 我需要镇静剂。
☑ 我在生命之流里感到放松,并让生命轻松自如地提供给我所有的需要的一切。

☒ 我无法停止购物。
☑ 我愿意为自己及生命创造新想法。

☒ 要我离开虐待性关系很困难。
☑ 没有人可以虐待我。我爱、欣赏并尊重自己。

成瘾症的疗愈词

我和生命是合一的，
生命完全地爱我、支持我。

所以，我拥有很高的自我价值和自尊。
我爱并欣赏每一个层面的自己。
我不是我的父母亲，
也不会复制他们可能有过的任何成瘾模式。
不管我过去如何，
在这一刻我都会选择消除所有负面的自我对话，
并且去爱和认可自己。
我是独一无二的自己，并且为自己的本质感到喜悦；
人们接受我，也爱我。
这是我存在的真实，我也如此接受它。
在我的世界里，一切安好。

我允许自己改变。

CHAPTER FIVE

> 我被宽恕，
> 而且我是自由的。

第五章 | 愿意宽恕的肯定句

我是美好的

关于宽恕的自检清单

以下描述,你认为适用于你的,请打钩。在本章最后,你将能够以正面念头来面对负面念头。

- ☐ 我永远无法原谅他们。
- ☐ 他们做的事是不可原谅的。
- ☐ 他们毁了我的人生。
- ☐ 他们是故意的。
- ☐ 我这么弱小,他们却伤我这么深。
- ☐ 他们要先道歉。
- ☐ 我的怨恨让我感到安全。
- ☐ 只有懦弱的人才会原谅。
- ☐ 我是对的,他们是错的。
- ☐ 都是我父母的错。
- ☐ 我不需要原谅任何人。

第五章 愿意宽恕的肯定句

这些句子是否引起了你的共鸣？对很多人来，宽恕是困难的。

我们都需要做宽恕的功课，任何一个难以爱自己的人都会卡在这方面。而宽恕会让我们敞开自己的心，让我们爱自己。许多人年复一年心怀怨怼。我们因为别人对我们所做的令人不悦的事而总感觉自己是对的。我称之为"困在自以为是的怨恨监牢里"。我们总想要自己是对的，而不想要自己是快乐的。

我几乎可以听到你说："但是你不知道他们对我做了什么，那是无法原谅的。"不愿意原谅，是你对自己做的一件很糟糕的事。那种痛苦像是每天咽下一匙毒药，不断累积并伤害你。当你把自己困在过去，你就不可能健康、自由。那件事情早已经过去，也结束了。是的，他们的确表现不好，但是，那已经结束了。也许你会觉得，如果你原谅了他们，那就意味着他们对你所做的事情是无所谓的。

我们最重要的灵性学习的目的之一，就是要明白

我是美好的

无论什么时候，每个人都已尽其力而为了。人们以其所具备的经验和认知，只能做这么多。同样，任何一个虐待别人的人，在年幼时也受到过虐待。暴力愈大，他们内心的痛苦就愈大，情绪爆发得也愈严重。这并不是说他们的行为是可接受或可以辩解的，而是为了我们自己的灵性成长，我们必须明白他们的痛苦。

事情已经过去了。也许早就过去了，放下它吧。让你自己自由，走出"监牢"，踏进生命的阳光里。如果事情还在持续中，问问你自己，为什么那么不替自己着想，还让自己忍受这些，为什么还要陷在这种情况里。不要浪费时间想着去"报复"，这没有用的。你给出去的，总是会回到自己身上。所以，丢掉过去，从现在开始努力爱自己，你就会有很棒的未来。

最难让你原谅的人，反而能带给你最大的学习动力。当你对自己的爱多至足够让你超越过去的情境，你的理解和宽恕就容易多了，然后你就自由了。自由会吓着你吗？卡在旧有的怨恨和痛苦中，会让你感觉比较安全吗？

Mirror 镜子工作

是时候回到镜子前面了。看着自己的眼睛,带着感情说:"我愿意宽恕!"重复说几遍。

你内心的感觉是什么?固执又哽塞,还是敞开又情愿?

只注意自己的感受,不要评断。深呼吸几次,重复这个过程。有感觉到任何不同吗?

我是美好的

Exercise | 练习

◆ 家庭态度

- ☐ 你母亲是个容易宽恕别人的人吗?
- ☐ 你父亲呢?
- ☐ 怨恨是你的家人面对受伤情况的处理方式吗?
- ☐ 你母亲是如何报复的?
- ☐ 你父亲呢?
- ☐ 你是如何报复的?
- ☐ 你报复的时候感觉好吗?
- ☐ 你为什么这么感觉?

第五章 | 愿意宽恕的肯定句

一个很有趣的情况是,当你做宽恕的功课时,其他人通常会有所响应。你并不需要找相关人士,一个个去说你原谅他们。有时你想这么做,但其实没必要。宽恕最主要的工作是在心里完成。

宽恕很少是为了"他们",而是为了自己。你需要原谅的人甚至可能已经过世了。

我从许多真正宽恕了他人的人那里听到,在他们内心宽恕之后的一两个月,会接到对方的电话或是信件,请求原谅。当你是在镜子前做宽恕练习时,这种情况更容易出现。所以,当你做这个练习时,请留意你投入的感情有多深。

我是美好的

Mirror | 镜子工作

镜子工作通常会让人不舒服，也可能是你想避免的。如果你是站在浴室的镜子前做练习，很容易就会夺门而出。我相信如果你能坐在镜子前，你就会得到最大的益处。我喜欢用我房门背后的大更衣镜，我会准备一盒纸巾，安坐下来。

给自己充裕的时间来做这个练习，或是你可以反复做。很有可能，你有很多人要宽恕。

坐在镜子前面，闭上眼睛，深呼吸几次，想着生命里曾经伤害你的那些人。让他们的样子在脑海里浮现，现在，睁开眼睛，开始对其中一位说话。

第五章 愿意宽恕的肯定句

你可以对他说："你深深地伤害了我,但是我不会再困在过去。我愿意原谅你。"吸一口气,接着说:"我原谅你,我让你自由。"再次深呼吸,然后说:"你自由了,我也自由了。"

觉察自己的感受。你可能会感到抗拒或是轻松。如果你感到抗拒,做个深呼吸,然后说:"我愿意释放所有的抗拒。"

你可以在一天内原谅许多人,也可以只原谅一个人,这都不要紧。不管你如何做这个练习,对你都是有益的。宽恕可以像剥洋葱皮一样去一层层地剥,如果太多层了,就先把洋葱放到一边。你可以随时回来,确认自己愿意开始做这个练习,再剥去另外一层。

请你继续这个练习,不管是今天或是其他什么时间,并扩展你的宽恕清单如下:

我是美好的

☐ 家庭成员
☐ 老师
☐ 小时候的同学
☐ 爱人
☐ 朋友
☐ 同事
☐ 医疗人员
☐ 其他权威人士
☐ 你自己

第五章 | 愿意宽恕的肯定句

最重要的是,宽恕你自己。停止对自己那么严苛,自我惩罚是不必要的,你已经尽你所能地去做了。

带着你的清单,再次坐在镜子前面,对清单上的每个人说:"我原谅你曾经_____。"深呼吸,接着说:"我原谅你,我让你自由。"

继续往下完成你的清单。如果你觉得你不再怨恨或生某人的气,就把他们画掉。如果你不能释放愤怒的情绪,那么把清单放到一旁,之后再回来做。

当你持续做这个练习,会发现肩上的负担消散了。或许你会对以往所背负的心头包袱的数量感到惊讶。当你在经历这个清理过程时,要对自己温柔些。

Exercise | 练习

▌ 列出清单

　　放一些轻柔的音乐——能让你感到放松和平静的音乐，再拿一本记事本和一支笔，让你的心智漂流。回到过去，想着所有你对自己感到生气的事，写下这些事情。你可能会发现，自己在一年级时因尿湿裤子而受到羞辱，至今你都还未原谅自己。你将这重担背负了多长的时间啊！

　　有时候原谅别人要比原谅自己容易。因为我们常常对自己更严苛，事事要求完美，我们严厉地惩罚自己犯下的任何错误。是时候超越那旧有的态度了。

　　错误，才是你学习的动力。如果你是完美的，就没有什么可学习的，也无须再留在这个星球。即使当个"完美"的人，也不会得到你父母的爱及认可，只会让你觉得"不对"和"不够好"。放轻松，别再这样对待自己。原谅你自己，放下吧。给你自己随性和自由的空间，并且不需要羞耻和愧疚。

　　到海边、公园，甚至空地，让自己奔跑吧。不是慢跑，而是恣意随性地跑——后空翻、在街上跳跃，一边玩乐，一边大笑！带着你的内在小孩一起玩乐。要是被人看见，怎么办？你有自由这么做！

第五章 | 愿意宽恕的肯定句

以下会再次出现这一章开头那份自检清单中的句子，并会分别附上与这些句子中的信念相对应的肯定句。让这些肯定句成为你生活的一部分，在坐车、工作、照镜子，或当任何负面信念浮现时，时常说出这些肯定句。

☒ 我永远无法原谅他们。
☑ 这是一个全新的当下。我可以自由地放下。

☒ 他们做的事是不可原谅的。
☑ 我愿意超越自己的限制。

☒ 他们毁了我的人生。
☑ 我对自己的人生负责。我是自由的。

☒ 他们是故意的。
☑ 他们以当时所具备的经验和认知尽力而为。

☒ 我这么弱小，他们却伤我这么深。
☑ 我已经长大了，我会带着慈爱照顾我的内在小孩。

☒ 他们要先道歉。
☑ 我的灵性成长不依赖他人。

我是美好的

☒ 我的怨恨让我感到安全。
☑ 我将自己从"监牢"里释放出来，我安全又自由。

☒ 只有懦弱的人才会原谅。
☑ 宽恕和放下让我更有力量。

☒ 我是对的，他们是错的。
☑ 没有对或错，我超越自己的评断。

☒ 都是我父母的错。
☑ 我的父母亲以他们自己所受到的对待方式对待我。
　 我原谅他们，还有他们的父母亲。

☒ 我不需要原谅任何人。
☑ 我拒绝限制自己，我总是愿意采取下一步。

第五章 愿意宽恕的肯定句

宽恕的疗愈词

我和生命是合一的,
生命完全地爱我、支持我。

所以,我能拥有一颗开放且充满爱的心。
在任何时刻,我们都尽力而为,
做到最好——对我来说,这也是真实的。
过去已经过去,而且结束了。
我不是我的父母亲,也不会重复他们的怨恨模式。
我是独一无二的自己,我选择敞开我的心,
让爱、慈悲和理解将过去所有痛苦的记忆冲刷干净。
我可以自由地成为我想成为的一切。
这是我存在的真实,我也如此接受它。
在我的世界里,一切安好。

我允许自己放下。

CHAPTER SIX

表达创意、受人赏识是种喜悦。

第六章 | 祝福工作的肯定句

我是美好的

关于工作的自检清单

以下描述，你认为适用于你的，请打钩。在本章最后，你将能够以正面念头来面对负面念头。

- [ ] 我讨厌我的工作。
- [ ] 我的工作压力太大。
- [ ] 在工作上没有人赏识我。
- [ ] 我的工作总是没有前途。
- [ ] 我的老板很会虐待人。
- [ ] 大家对我的期望太高了。
- [ ] 我的同事令我抓狂。
- [ ] 我的工作毫无创意可言。
- [ ] 我永远不会成功。
- [ ] 我看不到晋升的机会。
- [ ] 我的工作报酬不高。

第六章｜祝福工作的肯定句

让我们来探索我们在工作方面的想法。我们的工作和所做的事情，反映出我们的自我价值感以及我们对这个世界的重要性。在某个层面上，工作是以我们的时间和服务来换取金钱，但我更愿意相信各行各业是人们彼此祝福、互相繁荣的机会。

我们所做的工作类别对我们来说很重要，因为我们都是独特的个体。我们希望自己对这世界是有贡献的。我们需要展现个人的才华、智慧和创造力。

然而，在工作场合还是会发生一些问题：你可能与老板或同事相处得并不融洽，自己的工作没有获得赏识或认同，晋升的机会或某项特别的工作没有给你。

记住，无论你发现自己处于什么样的状况里，都是你自己的想法把你带到那儿的，你身边的人只是映射出你期望的境遇。

我是美好的

想法可以被改变，境遇同样也能被改变：令人无法忍受的老板可以变成支持我们的人；没有前途、无法晋升的职位也可能会通往充满可能性的新事业；令人讨厌的同事即使没有和你成为朋友，也可能会变成比以前容易相处的人；我们觉得过低的薪水也可能在转眼间增加；我们也会找到美好的新工作。

只要我们能改变想法，各种可能性就会出现。让我们对所有的机会敞开怀抱。我们必须在意识上接受丰盛和圆满会来自任何地方。

刚开始的改变可能很小。譬如，上司额外交给你一项工作，你可以借此展露出你的才智和创意；或者你会发现，一旦你没把同事像敌人般看待，他们的行为便会有明显的改变。不管改变是什么，接受它并为此感到喜悦。你并不孤单，你就是改变。创造你的力量也给了你创造自身经验的力量！

第六章 | 祝福工作的肯定句

Exercise | 练习

▸ 让自己处于中心

花点时间让自己处于中心。把右手放在下腹部的位置，想象这里是你整个存在的中心。深呼吸，再看着镜子，然后说："我愿意释放掉工作得很不快乐的需要。"再多说两次，每一次都用不同的语气说。这么做是要强化你对改变的承诺。

Exercise | 练习

◆ 想想你的工作生涯

- [ ] 如果你可以成为任何人，你会是什么样的人？
- [ ] 如果你可以做任何你想做的工作，那会是什么样的工作？
- [ ] 你希望目前的工作有什么改变？
- [ ] 你希望目前的雇主有什么改变？
- [ ] 你的工作环境令人愉快吗？
- [ ] 在工作上，你最需要原谅的人是谁？

第六章 | 祝福工作的肯定句

Mirror 镜子工作

在镜子前坐下来,深呼吸,让自己回到中心。然后,对那些让你在工作上很生气的人说话,告诉他们你为什么那么生气。让他们知道,他们如何伤害了你并让你感到恐惧,或是他们如何侵犯了你的空间和界线。把所有的一切都说出来——不要压抑!说出你未来所期待的行为,然后原谅他们不是你曾经希望的样子。

吸一口气。请他们给予你尊重,然后你也给予他们相同的尊重。确信你们可以有一个和谐的工作关系。

我是美好的

Blessing with love | 用爱祝福

在任何工作环境，"用爱祝福"都是一种很有力量的工具。在你到办公室之前，先将爱的祝福送出去——用爱祝福每个人、每个地方、每件事情。如果你抱怨同事、老板、供货商，甚至大楼的温度，都请用爱祝福。确信你和那个人或那种情况达成了共识，并处在完美的和谐里。

- ☐ "我和工作环境、工作中的每个人，都处在完美的和谐里。"
- ☐ "我总是在和谐的环境里工作。"
- ☐ "我尊重并敬重每一个人，而他们也同样敬重并尊重我。"
- ☐ "我用爱祝福这种情况，并且知道对每一个相关的人，这都是最好的安排。"

第六章 祝福工作的肯定句

- "我用爱祝福你,并将你交给你最高的善。"
- "我祝福这份工作,并将它释放给会喜欢它的人,而且我可以自由地接受更棒的新机会。"

根据你的职场情况,选择或运用以上任一肯定句,一遍又一遍重复。每当有某个人或某件事浮现于脑海时,就重复那句肯定句,消除你心中的负面能量。你可以单靠思考就改变这个经验。

我是美好的

Exercise | 练习

🟨 工作上的自我价值感

让我们来检视你在工作上的自我价值感,请先回答以下的每个问题,然后写下一句肯定句(用现在式)。

☐ 我觉得自己值得拥有一份好工作吗?
答案示例:有时候我觉得自己不够好。
肯定句示例:不管什么情况,我都能胜任。

☐ 在工作上,我最惧怕什么?
答案示例:老板会发现我不好并开除我,我就找不到工作了。
肯定句示例:我是安全的,我接受生命里的完美。一切都很好。

第六章 | 祝福工作的肯定句

☐ 我从这样的信念里"得到"了什么？

答案示例：我在工作中讨好他人，并把老板当成爸妈来对待。

肯定句示例：是我的心智创造了我的经验。我有无限的力量去创造生命里的美好。

☐ 如果我放掉这个信念，我害怕会发生什么事？

答案示例：我必须得长大，并负起责任。

肯定句示例：我知道我值得。我是成功且安全的，生命爱我。

我是美好的

Visualization | 观想

完美的工作是一种怎样的状态？花点时间看见自己在那样的状态里。观想你自己在那个环境里，看到你的同事，并去感受一个充满成就感的工作是什么样子，而且还有很好的薪水。持续观想这个画面，并且在意识上感受它已经被实现了。

第六章 | 祝福工作的肯定句

以下会再次出现这一章开头那份自检清单中的句子，并会分别附上与这些句子中的信念相对应的肯定句。让这些肯定句成为你生活的一部分，在坐车、工作、照镜子，或当任何负面信念浮现时，时常说出这些肯定句。

- ☒ 我讨厌我的工作。
- ☑ 我享受自己的工作，并欣赏一起工作的伙伴。

- ☒ 我的工作压力太大。
- ☑ 我在工作上总是放松的。

- ☒ 在工作上没有人赏识我。
- ☑ 每个人都认可我的工作。

- ☒ 我的工作总是没有前途。
- ☑ 我将每份工作经验都变成机会。

- ☒ 我的老板很会虐待人。
- ☑ 我所有的上司都用爱和尊重对待我。

- ☒ 大家对我的期望太高了。
- ☑ 我很能干、很称职，我在完美的地方。

我是美好的

☒ 我的同事令我抓狂。
☑ 我看见每个人的好,他们也很仁慈地对待我。

☒ 我的工作毫无创意可言。
☑ 我的想法会创造美妙的新机会。

☒ 我永远不会成功。
☑ 不管做什么,我都是成功的。

☒ 我看不到晋升的机会。
☑ 新的机会的大门随时敞开。

☒ 我的工作报酬不高。
☑ 我敞开怀抱并接受新的收入渠道。

第六章 | 祝福工作的肯定句

工作的疗愈词

我和生命是合一的，
生命完全地爱我、支持我。

所以，我能用最有创意的方式表达自我。
我的工作让我感到最大化的自我实现。
我受人喜爱、赏识与尊敬。
我不是我的父母，也不会复制他们的工作经验模式。
我是独一无二的自己，
而且我选择的工作带给我的充实感远超金钱所能给予的。
现在的工作对我来说是种喜悦。
这是我存在的真实，我也如此接受它。
在我的工作世界里，一切安好。

我允许我自己的需要被创意满足。

CHAPTER SEVEN

第七章 | 带来金钱和富足的肯定句

我是美好的

关于金钱和富足的自检清单

以下描述，你认为适用于你的，请打钩。在本章最后，你将能够以正面念头来面对负面念头。

- 我存不下钱。
- 我赚得不够。
- 我的信用评级不好。
- 金钱总是从我指缝间溜走。
- ☑ 每样东西都好贵。
- ☑ 为什么其他人都比我有钱？
- 我付不起我的账单。
- 我快要破产了。
- 我无法存下退休金。
- ☑ 我无法放下金钱。

第七章　带来金钱和富足的肯定句

你对金钱的信念是什么？你相信一切都是足够的吗？你是否把自我价值跟金钱联结在一起？你认为钱能满足你心中的渴望吗？你与金钱是朋友，还是敌人？

有再多钱也是不够的。我们必须学习自己是值得拥有金钱的心态，并享受我们所拥有的金钱。

大量的金钱并不能保证内心的富足。有些人即使有很多钱，还是会困在贫穷的意识里，他们可能会比街上的流浪汉更害怕没有钱，他们可能会缺乏享受财富及生活在丰盛世界里的能力。伟大的哲学家苏格拉底曾说过："知足是自然的财富，奢华是虚伪的贫穷。"

我曾说过许多次，富足的意识并不取决于金钱，但富足的意识会决定金钱的流动。

我们所追求的金钱必然要对生活的质量有所贡

我是美好的

献。如果没有，也就是说，如果我们憎恨自己赚钱的方式，那么金钱便是没有用的。富足包含了我们的生活质量，当然还有我们所拥有的金钱数额。

富足不单取决于金钱，还包括了时间、爱、成功、喜悦、舒适、美丽和智慧。举例来说，如果你觉得匆忙、有压力、被催促，那么你在时间上就陷入了贫穷的状态里，但是如果你觉得你有足够的时间来完成手上每一件工作，而且你有把握可以完成任何工作，那你在时间上就是富足的。

那成功呢？你觉得它遥不可及，并且完全得不到，还是以你目前的状况来说，你就是成功的呢？如果你觉得是后者，你在成功方面就是富有的。

要知道，无论你有怎样的信念，这些信念都可以在当下被改变。那个创造了你的力量，也推动你去创造自己的经验。你可以改变！

Mirror 镜子工作

站起来,向上伸展双臂,然后说:"我敞开怀抱并接受所有的美好。"说完之后,你的感觉如何呢?

现在,看着镜子,带着情感再说一次。

有哪种情绪浮现出来?你有感到释然吗?每天早上都做这个练习。这是一个很棒的暗示性动作,能增强你的富足意识,将更多的美好带进你的生命。

我是美好的

Exercise | 练习

◆ 你对金钱的感受

让我们来检视你在金钱方面的自我价值感,尽你所能回答以下问题。

- [ ] 回到镜子前,看着自己的眼睛说:"我对金钱最大的恐惧是_____。"写下答案,并说明自己为何会有这种恐惧。
- [ ] 当你还是孩子时,关于金钱你学到了什么?
- [ ] 你的父母亲成长的时代是经济不景气的时候吗?他们对金钱的观念是什么?
- [ ] 你的家人都如何处理财务?
- [ ] 你现在如何处理财务?
- [ ] 在金钱意识上,你想要有什么改变?

第七章 | 带来金钱和富足的肯定句

Exercise | 练习

你的金钱意识

让我们再进一步检视你在金钱方面的自我价值感,尽全力回答以下问题。在每一个负面信念后面,创造一个现在式的正面肯定句来替代它。

☐ 我是否觉得自己值得拥有并享受金钱?
答案示例:不见得。我一有钱就会马上花掉。
肯定句示例:我祝福我拥有的金钱。在存钱和让金钱为我服务方面,我是安全的。

☐ 我对金钱最大的恐惧是什么?
答案示例:我害怕自己会破产。
肯定句示例:我现在从无限的宇宙接受无限的富足。

我是美好的

☐ 我从这个信念里"得到了"什么?

答案示例:我就可以一直保持贫穷,并靠别人照顾。

肯定句示例:我要拥有自己的力量,并带着爱创造自己的实相。我信任生命的过程。

☐ 如果我释放这个信念,我害怕会发生什么?

答案示例:没有人会爱我、照顾我。

肯定句示例:我在宇宙里是安全的,所有的生命都爱我、支持我。

Exercise | 练习

你对金钱的使用

写下三种你对自己使用金钱的批评。也许你一直身有负债,或者你无法存下钱,又或是你无法享用金钱。

在每种批评后面,写下一个你尚未表现出的不良行为的例子。

示例:

☐ 我批评自己:花钱很冲动,一直身有负债;我似乎无法降低花费。

我赞美自己:今天交房租。今天是这个月的一号,而我能按时交租。

我是美好的

Visualization | 观想

把你的手放在心上,做几次深呼吸,然后放松。想象自己在使用金钱上最糟糕的情况:也许你借了无法偿还的金钱,买了你知道自己负担不起的东西,或是宣布破产。看着做出这些事的自己,去爱那个自己;知道你已经以你现在所拥有的知识、理解和能力做到了最好,去爱那个人;看见做出会让你今天觉得丢脸行为的自己,去爱那个人。

拥有一直想要的物品,会是什么感觉?这些东西看起来如何?你会去哪里?你会做些什么?让自己去感觉、享受。请充满创意地观想,玩得尽兴。

第七章 | 带来金钱和富足的肯定句

以下会再次出现这一章开头那份自检清单中的句子，并会分别附上与这些句子中的信念相对应的肯定句。让这些肯定句成为你生活的一部分，在坐车、工作、照镜子，或当任何负面信念浮现时，时常说出这些肯定句。

- ✗ 我存不下钱。
- ✓ 我值得在银行里拥有存款。

- ✗ 我赚得不够。
- ✓ 我的收入在持续增加。

- ✗ 我的信用评级不好。
- ✓ 我的信用评级总是愈来愈好。

- ✗ 金钱总是从我指缝间溜走。
- ✓ 我明智地使用金钱。

- ✗ 每样东西都好贵。
- ✓ 我所需要的我都能拥有。

我是美好的

❌ 为什么其他人都比我有钱？
✅ 我拥有我能接受的金钱数额。

❌ 我付不起我的账单。
✅ 我用爱祝福我所有的账单。我按时缴款。

❌ 我快要破产了。
✅ 在财务上，我总是有偿还能力。

❌ 我无法存下退休金。
✅ 我充满喜悦地为退休金做准备。

❌ 我无法放下金钱。
✅ 我享受储蓄，也平衡地消费。

第七章　带来金钱和富足的肯定句

金钱与富足的疗愈词

我和生命是合一的,
生命完全地爱我、支持我。

所以,对于生命的富足,我拥有丰盛的享受。
我拥有充足的时间、爱、喜悦、舒适、
美丽、智慧、成功与金钱。
我不是我的父母,也不会复制他们的财务模式。
我是独一无二的自己,
我对各式各样的富足敞开怀抱且接受它们。
我深深地感谢生命对我如此慷慨。
我的收入在持续增加,终其一生我都会很富足。
这是我存在的真实,我也如此接受它。
在我的财富世界里,一切安好。

我允许自己富足。

CHAPTER EITHT

> 我是
> 我自己的朋友。

第八章 │ 增进友谊的肯定句

我是美好的

关于友谊的自检清单

以下描述，你认为适用于你的，请打钩。在本章最后，你将能够以正面念头来面对负面念头。

- [ ] 我的朋友都不支持我。
- [ ] 每个人都很主观。
- [ ] 没有人站在我的立场思考。
- [ ] 我的界线没有被尊重。
- [ ] 我无法维持长久的友谊。
- [ ] 我无法让朋友真正了解我。
- [ ] 我为了朋友好而给他们建议。
- [ ] 我不知如何当个合格的朋友。
- [ ] 我不知如何向朋友求助。
- [ ] 我不知如何拒绝朋友。

第八章 | 增进友谊的肯定句

友情可以说是最长久，也最重要的关系之一。没有情人或配偶，我们还是可以生活；缺少核心家庭成员，我们也能活下去；但是如果没有朋友，绝大多数人就无法快乐地生活。我相信，在诞生到这个星球之前，我们就选择了我们的父母亲。但我们却是在一个更有意识的层面上，选择了我们的朋友。

伟大的美国思想家、作家爱默生曾写过一篇关于友情的短文，其中他指出：在两性关系中，人们总想尝试改变对方；然而对朋友却能往后退一步，彼此欣赏和尊重。

朋友可以是核心家庭的延伸或替代。多数人都有强烈的渴望，想与他人分享生命经验。在友情的互动里，我们不只了解他人，更能了解自己。这些关系是

我是美好的

自我价值感和自尊的一面镜子，让我们有机会观察自己，了解自己还有哪些方面有待成长。

当朋友之间的关系变得紧张，我们可以去探索童年时的负面信念。也许，清理心理房间的时候到了。我们在过去的岁月里接收了那么多负面讯息，是时候打扫心理房间了，就像是吃了许久的垃圾食物后，需要开启一段健康的营养疗程。当你改变饮食，身体就会将不需要的毒素排出去。但头一两天的时间，你可能会感觉更加糟糕。

当你决定改变思考模式时，同样也会有一段时间，你的状况可能会更糟。但是请记得：你也许只有拔掉干枯的杂草，才能挖到肥沃的土壤。你做得到的！我知道你可以！

第八章 增进友谊的肯定句

Exercise | 练习

你的友谊

把下面的肯定句写三次,然后回答接下来的问题。

"我愿意释放导致友谊出现问题的任何内在模式。"

- [ ] 你在童年时的第一份友谊是什么样子的?
- [ ] 你现在的友谊跟童年时的友谊有什么相似之处?
- [ ] 关于友谊,你从父母亲那里学到了什么?
- [ ] 你的父母亲有什么样的朋友?
- [ ] 未来你希望有什么样的朋友?请说出具体内容。

我是美好的

Exercise | 练习

◆ 自我价值感和友谊

让我们来检视你在友谊方面的自我价值感。回答以下的每个问题，然后写一句肯定句（用现在式）取代旧的信念。

☐ 我是否觉得自己值得拥有好朋友？

答案示例：不。怎么会有人想待在我身边？

肯定句示例：我爱自己、接纳自己，我是吸引朋友的磁铁。

☐ 拥有亲密的朋友，让我最害怕的是什么？

答案示例：我害怕背叛。我觉得自己不信任任何人。

肯定句示例：我信任自己，我信任生命，我也信任我的朋友。

第八章 增进友谊的肯定句

☐ 我从这样的信念里"得到"什么?

答案示例:我可以批评对方,等朋友一犯错,我就可以向他们证明他们是错的。

肯定句示例:我所有的友谊都是成功的。我是个慈爱又令人感到温暖的朋友。

☐ 如果我释放这个信念,我害怕会发生什么?

答案示例:我怕会失去控制,到那时我就真的得让人们来了解我。

肯定句示例:当我爱自己、接纳自己时,爱别人就很容易。

如果我们对生命中所发生的事件能担负起责任的话,就没有什么人可指责我们了。不论"外面"发生什么,那都只是我们内在想法的反映。

我是美好的

Exercise | 练习

想起你的朋友

想三件你觉得曾被朋友不公平对待或伤害的事：也许朋友背叛了你的信任，或是在你需要的时候背弃你，又或许这个人污辱了你的伴侣或配偶。

给这三件事各取一个名字，写下你在每起事件发生前的想法。

☐ 事件示例：

16岁时，我最好的朋友苏西背着我散播恶毒的谣言；当我试着与她对质，她就撒谎，这让我高中最后一整年都没有朋友。

☐ 想法示例：

我当时不值得拥有朋友；我被苏西吸引，是因为她既冷漠又爱批评别人，那时的我习惯被人评断和批判。

第八章 增进友谊的肯定句

Exercise | 练习

朋友的支持

现在,想三件朋友支持你的事:或许有个好朋友为你挺身而出,或是在你需要时给你金钱,又或许这个人帮你解决了难题。

为每件事取一个名字,写下你在每件事发生之前的想法。

☐ 事件示例:

我永远都记得海伦。在我的第一份工作中,因我在一次会议当中说了一些蠢话而遭到同事嘲笑,海伦为我挺身而出,替我化解尴尬,并挽救了我的工作。

☐ 我最深刻的想法是:

就算我犯了错,也会有人帮助我。我值得被支持。

我是美好的

Visualization | 观想

你需要感谢哪些朋友？花点时间观想他们，看着他们的眼睛说："在我需要朋友的时候，谢谢你在我身边，我以爱祝福你，希望你的生命充满喜悦。"

你需要原谅哪些朋友？花点时间观想他们，看着他们的眼睛说："我原谅你没有按照我所期望的方式去做。我原谅你，并让你自由。"

第八章 增进友谊的肯定句

以下会再次出现这一章开头那份自检清单中的句子,并会分别附上与这些句子中的信念相对应的肯定句。让这些肯定句成为你生活的一部分,在坐车、工作、照镜子,或当任何负面信念浮现时,时常说出这些肯定句。

☒ 我的朋友都不支持我。
☑ 我的朋友们都充满爱心且支持我。

☒ 每个人都很主观。
☑ 当我释放所有的批评,很主观的人就会从我的生活中离开。

☒ 没有人站在我的立场思考。
☑ 我对所有的观点保持开放与接纳。

☒ 我的界线没有被尊重。
☑ 我尊重他人,他人也尊重我。

☒ 我无法维持长久的友谊。
☑ 只要我对他人给予爱和接纳,就能创造持久的友谊。

我是美好的

☒ 我无法让朋友真正了解我。
☑ 敞开胸怀对我是安全的。

☒ 我为了朋友好而给他们建议。
☑ 我不干涉我的朋友。我们都能全然自由地做自己。

☒ 我不知如何当个合格的朋友。
☑ 我信任内在智慧的引导。

☒ 我不知如何向朋友求助。
☑ 开口请求我所渴望的帮助是安全的。

☒ 我不知如何拒绝朋友
☑ 我超越这些限制,并诚实地表达自己。

第八章 增进友谊的肯定句

友谊的疗愈词

我和生命是合一的,
生命完全地爱我、支持我。

所以,我拥有充满爱与欢乐的朋友圈。
无论我们各自独处或一同相聚,都能享受美好的时光。
我不是我的父母,也不会复制他们的朋友关系。
我是独一无二的自己,
我只选择支持我、滋养我的朋友进入我的世界。
无论我走到哪里,我都受到温暖友善的对待。
我值得拥有最好的朋友,
我允许自己的生命充满爱和喜悦。
这是我存在的真实,我也如此接受它。
在我的友情世界里,一切安好。

我允许自己成为别人的朋友。

CHAPTER NINE

爱围绕着我。
我是慈爱的、
爱人且爱的、
为人所爱的。

第九章 │ 维持爱与亲密关系的肯定句

我是美好的

关于爱与亲密关系的自检清单

以下描述,你认为适用于你的,请打钩。在本章最后,你将能够以正面念头来面对负面念头。

- [ ] 我害怕被拒绝。
- [ ] 爱总是不持久的。
- [ ] 我觉得我被困住了。
- [ ] 爱让我感到恐惧。
- [ ] 我必须按照别人的意图行事。
- [ ] 我如果关心自己,他们就会离我而去。
- [ ] 我很爱嫉妒。
- [ ] 我无法做自己。
- [ ] 我不够好。
- [ ] 我不想要父母那样的婚姻。
- [ ] 我不知道如何去爱。
- [ ] 我会受到伤害。
- [ ] 我无法拒绝我所爱的人。
- [ ] 每个人都会离开我。

第九章 维持爱与亲密关系的肯定句

在孩童时期你是如何经验爱的？你有观察到父母亲是如何表达爱和情感的吗？你是在足够的拥抱中长大的，还是在你的家庭里，爱是通过争吵、叫骂、哭泣、摔门、操纵、控制、沉默或报复来表达的？如果是后者，那很有可能在你成人后会继续追寻类似的经验模式，进而你会遇到强化这些模式的人。如果当你还是孩子的时候，你找寻爱却得到了痛苦，那在你成年后，你会找寻痛苦而不是爱，除非你释放掉旧有的家庭模式。

Exercise | 练习

你对爱的感觉

尽你所能回答以下问题。

- [ ] 你上一段关系是如何结束的?
- [ ] 再上一段关系是如何结束的?
- [ ] 想想你前两段亲密关系。你们之间最大的问题是什么?
- [ ] 这些问题会让你如何回想起你与父亲、母亲的关系?

第九章 | 维持爱与亲密关系的肯定句

也许你所有亲密关系的结束都是因为你的伴侣离开你。你内在被离去的需要也许是从父母离婚，是从因你没能满足父母的期望而被冷落，是从一位家庭成员的死亡中产生的。

要改变这种模式，你必须原谅你的父母并认识到你不需要重复这个旧的行为。你让他们自由，你就让自己自由。

我们之所以一次又一次重复每一种习惯或模式，是因为我们内在有这种重复的需要。那个需要响应了我们持有的一些信念。如果没有那个需要，我们就不必拥有、照做，或是成为它。自我批判并不会终止那个模式，放下那个需要才会。

我是美好的

Mirror | 镜子工作

对着镜子看着你的眼睛，深呼吸，然后说："我愿意释放对那些不滋养、不支持我的关系的需要。"对着镜子说五次，每一次都赋予这句话更多的意义。一边说，一边想着你的一些关系。

Exercise | 练习

你的关系

尽你所能回答以下问题。

- [ ] 关于爱,你在孩童时期学到什么?
- [ ] 你是否曾有一位上司"就像是"你的父亲或母亲?怎么个像法?
- [ ] 你的伴侣或配偶像你的父亲或母亲吗?怎么个像法?
- [ ] 你需要原谅什么事或哪个人才能改变这种模式?
- [ ] 以你新的理解,你希望你的关系是什么样子的?

我是美好的

　　你旧有的思想和信念会继续形成你的经验，直到你放下它们。你未来的思想尚未成形，而你也不知道它们会是什么。你现在的想法及你现在所想的，完全在你的控制之下。

　　我们是唯一可以选择念头的生物。我们也许会一遍又一遍想着同样的念头，以至于看起来那似乎不像是我们自己选择的。但一开始，那的确是我们自己选择的。无论如何，我们可以拒绝思考某些念头。你有多久没有思考过一个关于自己的正面念头了？同样地，你也可以拒绝思考关于自己的负面念头。你只是需要多练习。

Exercise | 练习

爱与亲密关系

让我们来检视这些信念。回答以下每个问题，写下一句肯定句（用现在式）来取代旧的信念。

☐ 我是否觉得自己值得拥有亲密关系？

答案示例：不。一旦对方真的了解我，就会离开我。

肯定句示例：我是受人喜爱，也值得被人了解的。

☐ 我是否害怕去爱？

答案示例：是的。我怕我的伴侣会不忠诚。

肯定句示例：我在爱里永远是安全的。

☐ 我从这个信念里"得到"了什么？

我是美好的

　　答案示例：我不让爱情关系进入我的生命。

　　肯定句示例：把心打开让爱进来，这对我是安全的。

☐ 如果我释放这个信念，我害怕会发生什么？

　　答案示例：我会被利用，并受到伤害。

　　肯定句示例：与别人分享我的内心是安全的。

第九章 | 维持爱与亲密关系的肯定句

以下会再次出现这一章开头那份自检清单中的句子，并会分别附上与这些句子中的信念相对应的肯定句。让这些肯定句成为你生活的一部分，在坐车、工作、照镜子，或当任何负面信念浮现时，时常说出这些肯定句。

☒ 我害怕被拒绝。
☑ 我爱自己，接纳自己，而且我是安全的。

☒ 爱总是不持久的。
☑ 爱是永恒的。

☒ 我觉得我被困住了。
☑ 爱让我感觉自由。

☒ 爱让我感到恐惧。
☑ 坠入爱河是安全的。

☒ 我必须按照别人的意图行事。
☑ 我们永远是平等的伴侣。

☒ 我如果关心我自己，他们就会离我而去。
☑ 我们各自照顾好自己。

我是美好的

☒ 我很爱嫉妒。
☑ 嫉妒只是没有安全感。我现在要建立自己的自尊。

☒ 我无法做自己。
☑ 当我做自己时,大家都爱我。

☒ 我不够好。
☑ 我值得被爱。

☒ 我不想要父母那样的婚姻。
☑ 我不是我的父母亲。我可以超越他们的婚姻模式。

☒ 我不知道如何去爱。
☑ 爱自己和他人,每天都愈来愈容易。

☒ 我会受到伤害。
☑ 我对爱愈敞开,就愈安全。

☒ 我无法拒绝我所爱的人。
☑ 我和伴侣尊重彼此的决定。

☒ 每个人都会离开我。
☑ 我会创造一段持久的、有爱的关系。

第九章 | 维持爱与亲密关系的肯定句

爱与亲密关系的疗愈词

我和生命是合一的,
生命完全地爱我、支持我。

所以,在我的世界里,我拥有爱和亲密关系。
我值得拥有爱。
我不是我的父母亲,也不会复制他们的关系模式。
我是独一无二的自己,
而且我选择创造并会维持一段持久的、有爱的关系——
一个在各方面都滋养、支持我们俩的关系。
我们非常合得来,也有相似的生活节奏,
我们都能让对方把最好的一面展现出来。
我们既懂得浪漫,也是彼此最要好的朋友。
我为这段长久的关系感到喜悦。
这是我存在的真实,我也如此接受它。
在我充满爱的世界里,一切安好。

我允许自己经验亲密的爱。

CHAPTER TEN

> 在任何年纪，
> 我都是美丽、
> 有力量的。

第十章 | 关于变老的肯定句

我是美好的

变老的自检清单

以下描述，你认为适用于你的，请打钩。在本章最后，你将能够以正面念头来面对负面念头。

- ☐ 我害怕变老。
- ☐ 我害怕变胖、长皱纹。
- ☐ 我不想住到养老院。
- ☐ 老了就代表变丑，没人要我。
- ☐ 老了就代表生病。
- ☐ 没有人想待在老人身边。

第十章　关于变老的肯定句

无论我们现在几岁，我们都会变老。至于如何变老，我们有很大的主导权。

是什么让我们变老？是某些关于老化的信念，譬如，老了就会生病。那些糟糕的信念——讨厌自己的身体、相信自己没剩多少时间、愤怒与恨意、憎恨自己、苦涩、惭愧和罪恶感、恐惧、偏见、自以为是、主观论断、沉重负担、让别人干涉自己的命运等，都是让我们变老的信念。

你对于变老，有着怎样的信念？当你看到身边老弱病残的人，你是否认为自己也会这样？当你看到贫困的老人，你是否觉得这也将是自己的命运？你是否注意到很多老人极为落寞，不禁担心自己也会陷入一样的处境？

我们不需要接受这些负面的信念。我们可以将之反转过来，无须这样继续下去。我们可以拿回自己的力量。

我是美好的

感觉精力充沛，比关心长出一两条甚至更多皱纹重要多了，然而我们却以为除非自己年轻又美丽，否则不会受人欢迎。我们为什么要认同这样的信念？我们为什么失去了对自己和对他人的爱与慈悲？我们把住在自己的身体里的感受变成一种不舒服的体验。每天，我们都在找自己有哪里不对劲，并且为每一条皱纹而忧心。这只会让我们感觉更糟，从而会长出更多皱纹。这不是爱自己，这是憎恨自己，如此会降低我们的自尊。

关于变老，你给你的孩子教了些什么？你又让他们看到什么样的示范？他们是否看到一个充满爱与活力的老人，不仅享受每一天，还对未来充满期待？还是说，你是个爱吐苦水、充满恐惧的人，害怕年老的岁月，并等着生病的孤单老人？我们的孩子会向我们学习！我们的孙子孙女也会。我们希望帮助他们预想并创造怎样的老年岁月？

人类的寿命曾经很短暂——一开始只活到 10 来

第十章 关于变老的肯定句

岁，然后到20来岁，接着活到30来岁，慢慢延长到40来岁，甚至在20世纪初，50来岁就算很老了。在1990年，人们的平均寿命是47岁。现在我们能接受80岁是正常的寿命。那我们为什么不能进行意识上的量子跳跃，创造一个新的接受范围，相信人的正常寿命是125或150岁？！

这并非不可能。就在一两代人的时间里，我看到大部分人更加长寿，这已经变得很正常且自然了。以前40岁是中年人，往后那将不再是事实。我看到现在新的中年人是75岁。世世代代，我们根据自己在这个星球活了多少个年头，来决定自己应该如何感受和如何表现。就跟生命里的其他面向一样，我们如何接受变老以及我们对变老的信念，将会成为我们的实相。所以，是时候改变我们对变老的信念了！当我看着周遭孱弱、生病、心生恐惧的老人，我对自己说："并不必这样。"许多人都已学会并相信，只要改变想法，就可以改变生活。

我是美好的

　　我知道我们可以改变自己对于变老的信念，并把变老的过程变成一种充满生命力、健康又乐观的体验。

　　我们可以改变信念系统，但是我们这些"优秀的年长者"得走出受害者的思维模式。只要我们认为自己是不幸的、没有力量的，只要我们还依赖政府来为我们"改善"某些事情，我们这些"优秀的年长者"就不会一起进步。但是，只要我们团结起来，一起为日后的岁月想出有创意的解决办法，我们就拥有真正的力量，让国家和世界变得更好。

　　现在长者们应该从医疗和医药产业拿回自己的力量了。高科技的药物冲他们而来，但这些药物不但昂贵，还会摧毁他们的健康。现在正是时候，每一个人（尤其是年长者）都要学习掌控自己的健康。我们必须学习身体与心灵的相关性，认识到无论是生病，还是充满活力与健康，都跟我们所做、所说、所想有关。

Exercise | 练习

你对变老的信念

尽你所能回答以下问题。

- [ ] 你父母亲是如何变老的？（或者如果他们已故，他们生前是如何变老的？）
- [ ] 你觉得自己几岁？
- [ ] 对于帮助社会 / 国家 / 星球，你做了些什么？
- [ ] 在你的生命里，你如何创造爱？
- [ ] 谁是你的正面榜样？
- [ ] 关于变老，你教给你的孩子哪些事情？
- [ ] 为了有个健康、快乐、有活力的老年，你今天做了些什么？
- [ ] 你现在对老年人有什么感觉，你如何对待他们？
- [ ] 你如何谋划自己 60 岁、75 岁、85 岁的生活？
- [ ] 当你年纪更大时，你希望被怎样对待？
- [ ] 你希望如何死去？

我是美好的

现在从第一题开始,在你心里,将每个负面答案转变成正面的肯定句。想象你的晚年将是一段珍贵无比的岁月。

在这道彩虹的尽头有一桶黄金,我们知道宝藏就在那里。生命的晚年,是人生最珍贵的日子。我们一定要学着将这段岁月变成生命的黄金岁月。当我们进入晚年时,我们会学到这些秘密,并且与后生晚辈分享。我知道所谓的回春,是可以做到的,只要找对方法。

以下是我所知的回春秘诀:

☐ 把"老"从字典里去掉。
☐ 把"变老"这个说法换成"活得更久"。
☐ 愿意接受新观念。
☐ 在思想上实现量子跳跃。
☐ 改变信念。
☐ 拒绝操纵。
☐ 改变我们对"正常"的看法。

第十章 关于变老的肯定句

☐ 把"生病"变为活力健康。
☐ 好好照顾身体。
☐ 释放限制性信念。
☐ 愿意调整想法。
☐ 拥抱新观念。
☐ 接受关于自己的真相。
☐ 为社群提供无私的服务。

　　理想上,我们想将晚年经营成最富有收获最丰富的生命阶段。要做到这点,我们必须清楚无论什么年纪,我们的未来都是一片光明。只要改变想法,我们就可以做到。现在,我们该打消对于老年的恐怖印象,我们要在思想上实现量子跳跃。我们必须不再说"老",让长寿者依然年轻,让预期寿命难以想象。我们想看到自己的晚年岁月变成黄金岁月。

我是美好的

　　以下会再次出现这一章开头那份自检清单中的句子,并会分别附上与这些句子中的信念相对应的肯定句。让这些肯定句成为你生活的一部分,在坐车、工作、照镜子,或当任何负面信念浮现时,时常说出这些肯定句。

☒ 我害怕变老。
☑ 我释放所有对于年龄的恐惧。

☒ 我害怕变胖、长皱纹。
☑ 我的心灵和身体都是美丽的。

☒ 我不想住到养老院。
☑ 我自给自足又强壮。

☒ 老了就代表变丑,没人要我。
☑ 在我的世界里,我深爱他人,也受人喜爱。

☒ 老了就代表生病。
☑ 不论我多少岁,我都充满活力与健康。

☒ 没有人想待在老人身边。
☑ 在任何年纪,人们都很欣赏我。

第十章 关于变老的肯定句

健康变老的疗愈词

我和生命是合一的,
生命完全地爱我、支持我。

所以,在我生命的每个阶段,
我都拥有平静的心与生活的喜悦。
每一天都如此崭新,截然不同且充满乐趣。
我积极地参与进这个世界。
我是个认真的学生,有强烈的学习渴望。
我把身体照顾得很好。我选择让我快乐的想法。
我有很稳固的灵性联结,它能随时支持着我。
我不是我的父母亲,也不必按照他们的方式变老或死去。
我是独一无二的自己,
而且我选择在这星球上的每一天都活得深刻、圆满。
我的生活平静,我爱所有的生命。
这是我存在的真实,我也如此接受它。
我的生活,一切安好。

最后的一些想法

现在，我们已经用肯定句探索了生命中许多不同的领域。前面的章节只是一些指引，向你示范了不同的方法，你可以以此来帮助自己创造正面的肯定句。

把不同的肯定句放在家里不同的地方。如果你不希望被人看到，可以放在桌子的抽屉里，让自己看到就好。

关于"安全开车、和气驾驶"的肯定句可以放在仪表盘上。（提示：如果你总是咒骂其他司机，那所有技术不好的司机都会自动被你吸引过来。他们会来实现你的肯定。）

咒骂是种肯定，担心是种肯定，怀恨是种肯定。你所肯定的东西，都会被你吸引过来。爱、欣赏、感激和赞美也都是种肯定，同样地，你所肯定的也会被你吸引过来。

这本书的内容可以在当下把你送往美好生命的正面路途。然而，你必须使用它。只停留在书本的字句上，是无法改善你的生活品质的。

正如你打扫房间时，从哪里开始都不要紧。同样地，你要从生命的哪方面开始改变，也都没有关系。最好是从简单的方面开始，因为你会快速得到结果，并以此培养出自信心，去处理更大的问题。

我知道你做得到。生命里发生的正面改变，会让你非常高兴。你将会看到一个崭新的自己！

这一生中,我身边都围绕着美好的人。

写下你的肯定句

写下你的肯定句

写下你的肯定句